Tc $\frac{40}{64}$

MÉMOIRE

SUR

LA CORALLINE

ET SUR LE DANGER

QUE PRÉSENTE L'EMPLOI DE CETTE SUBSTANCE

DANS LA TEINTURE DE CERTAINS VÊTEMENTS

PAR MM.

AMBROISE TARDIEU,

Professeur à la Faculté de médecine,

ET

Z. ROUSSIN,

Professeur agrégé à l'École du Val-de-Grâce.

SUIVI DU RAPPORT

DE M. P. SCHUTZENBERGER SUR UN PROCÉDÉ SALUBRE
DE PRÉPARATION DU ROUGE D'ANILINE

PARIS

J.-B. BAILLIÈRE ET FILS

LIBRAIRES DE L'ACADÉMIE IMPÉRIALE DE MÉDECINE

Rue Hautefeuille, 19, près du boulevard Saint-Germain

1869

EXTRAIT

DES

ANNALES D'HYGIÈNE PUBLIQUE ET DE MÉDECINE LÉGALE

2º SÉRIE, 1868, T. XXXI.

Journal rédigé par : MM. Andral, Bergeron, Brierre de Boismont, Cl
vallier, Delpech, Devergie, Fonssagrives, T. Gallard, Gaultier
Claubry, Guérard, Michel Lévy, Pr. de Pietra Santa, Z. Rouss
Ambr. Tardieu, Max. Vernois. Avec une *Revue des travaux français*
étrangers, par MM. les docteurs O. Du Mesnil et Strohl.

Publié depuis 1829, tous les trois mois, par cahier de 250 pages, avec planches.

PRIX DE L'ABONNEMENT ANNUEL :

Pour Paris : 18 fr. par an. — Pour les départements (*franco*) : 20 fi

On s'abonne à Paris, chez J.-B. BAILLIÈRE et FILS, 49, rue Hautefeuil

MÉMOIRE SUR LA CORALLINE

ET SUR LE DANGER QUE PRÉSENTE L'EMPLOI DE CETTE SUBSTANCE

DANS LA TEINTURE DE CERTAINS VÊTEMENTS,

Par MM. A. TARDIEU et Z. ROUSSIN.

———

Nous nous proposons dans ce mémoire d'appeler l'attention publique sur quelques faits récents, non encore
étudiés, et qui méritent d'être signalés. Nous voulons parler
des accidents que peut déterminer l'emploi dans la teinture
d'une matière colorante nouvelle, la *coralline*, qui, ainsi que
nous nous en sommes assurés expérimentalement, constitue
un violent poison.

Nous exposerons d'abord les faits déjà nombreux qui sont
venus à notre connaissance; nous rapporterons ensuite les
expériences que nous avons instituées pour reconnaître et
déterminer la nature, la marche et les caractères de l'empoisonnement dont il s'agit; enfin nous indiquerons les
moyens de distinguer la coralline des autres rouges usités
dans la teinture.

i

1

I. — Observations d'accidents produits par l'usage de b et de chaussettes teints a la coralline.

1° Au mois de mai de l'année dernière (1868), bien ava
que rien de pareil eût été publié, l'un de nous fut consu
par un jeune homme de vingt-trois ans, admirableme
constitué et exempt de tout vice herpétique, qui était attei
aux pieds d'une éruption vésiculeuse, très-aiguë et trè
douloureuse, qui au premier abord aurait pu être prise po
un eczéma. Mais cette éruption offrait ceci de particuli
qu'elle était exactement bornée à la partie du pied que i
couvre la chaussure, et qu'elle dessinait sur la peau la for
parfaitement régulière du soulier-escarpin que portait
jeune homme, comprenant ainsi la face et le bord plantair
et ne dépassant pas sur le dos du pied la racine des ortei

Sur toutes ces parties, la peau était violemment enflammé
tuméfiée, d'une rougeur uniforme sur laquelle se détachaie
d'innombrables petites vésicules, qui, dans certains poin
notamment à la plante des pieds, se réunissaient pour form
de larges cloches ou bulles remplies d'un liquide séro-pur
lent. L'éruption s'accompagnait de malaise général, de fièvr
de mal de tête et de mal de cœur.

Les moyens employés pour combattre cette petite malad
se bornèrent à des applications émollientes et au repos; i
bout de deux jours les troubles généraux avaient dispari
mais les pieds ne furent complétement guéris qu'après tro
semaines environ.

Le siége et la forme si particulière de l'éruption nou
avaient sur-le-champ donné à penser que la cause en éta
toute locale, et nous n'hésitâmes pas à en rechercher l'or
gine dans la chaussure que portait le jeune homme. Il vena
précisément de faire usage depuis quelques jours de chau
settes de soie rouge, d'une nuance très-élégante, que i
mode s'apprêtait à répandre. Un premier et sommair

examen dans lequel on ne recherche que les mordants minéraux ou matières salines d'origine minérale, arsenic, mercure, plomb, cuivre, antimoine, montra qu'il n'existait dans
la teinture des chaussettes aucun poison de nature minérale.
Nous n'en restâmes pas moins convaincu que l'inflammation
de la peau que nous avions constatée était le résultat d'un
principe irritant contenu dans le tissu, et maintenu étroite-
ment appliqué sur le pied par la forme du soulier.

2° A quelque temps de là, un fait en tout semblable se pro-
duisit, dans les mêmes circonstances, sur un jeune ami du
précédent, qui, lui-même, en essayant de nouveau ses chaussettes après plusieurs mois d'intervalle, fut repris de la même
façon.

3° Plus tard, dans le courant du mois de septembre, les
feuilles publiques reproduisaient une note dans laquelle
M. Bidard, professeur de chimie à Rouen, rapportait une
observation pareille, recueillie dans les circonstances suivantes :

Il y a environ trois mois, un Anglais de ses amis, habitant
le Havre, lui adressa une paire de chaussettes. Sur le fond
teint en lilas se dessinaient des lignes circulaires en soie teinte
en rouge vif. L'usage de ces chaussettes a donné lieu aux
accidents suivants, constatés par une consultation de deux
médecins du Havre : Chacune des lignes rouges a provoqué
sur la peau une inflammation très-vive, douloureuse, une
tuméfaction analogue à une brûlure. Ces accidents ont
été suivis d'une indisposition générale ayant le caractère
d'un léger empoisonnement, qui n'a cédé aux soins de la
médecine qu'après deux jours. L'analyse et l'examen très-
minutieux des chaussettes ont démontré que la couleur
lilas, faisant le fond, et n'ayant produit aucun accident,
était du violet d'aniline ; que les lignes de soie colorées
en rouge étaient teintes avec de la coralline.

4° Il y a quelques jours à peine, les journaux de Paris ra-

contaient qu'une dame américaine ayant porté des bas
soie rouge, avait vu ses jambes se couvrir de boutons, do
quelques-uns s'ulcérèrent, et avait éprouvé des étourdis-
ments et de vives souffrances.

5° Lors de la communication de nos recherches à l'Ac
démie impériale de médecine, dans la séance du 2 févri
1869 (1), M. le docteur Cerise cita l'exemple absolume
conforme d'un de ses clients, qui, depuis trois mois, ét
affligé de maux semblables, qu'il n'hésitait plus à attribu
à l'usage qu'il avait fait de bas teints en rouge et rappor
par lui des Indes.

6° Il nous a été assuré que M. le docteur Despaulx-Ad
en avait observé un de son côté ; mais jusqu'ici ce disting
confrère n'a rien publié à ce sujet.

7° Peu de jours après que notre mémoire avait été ren
public, M. Pierre Baragnon, bien connu dans la press
nous faisait l'honneur de nous écrire : « Oui vraiment, l
» chaussettes anglaises sont dangereuses. J'ai depuis de
» mois aux pieds une éruption très-vive, et je l'attribue a
» tissus de laine que j'ai fait acheter au grand magasin a
» glais..... Mes talons ont fait perdre leur latin à trois m
» decins, dont deux fort connus que je pourrais vous cit
» Ils en ont tout juste assez conservé pour me donner u
» inutile formule. Qui sait si le magasin en question
» vendra pas aussi des gilets de flanelle ou de laine rou
» de la même famille ? »

8° Enfin, le 18 février dernier, un grand industriel
département du Cher nous faisait l'honneur de venir no
trouver avec une paire de bas de soie rouge provenan
comme les précédents, du magasin même dont il vient d'êt
fait mention, et avec une lettre qu'avait bien voulu no
adresser M. le docteur Michalski de Vouziers, et dont not
habile confrère M. le docteur Édouard Burdel, médecin

(1) *Bulletin de l'Académie de médecine*, 1869, t. XXXIV, p. 48.

l'hospice de Vierzon, qui avait également vu la petite malade, nous a confirmé les principaux détails. Nous citons
textuellement : « Vers la fin du mois de décembre dernier,
je vis un enfant de cinq à six ans atteint d'une éruption vésiculeuse aux deux pieds et aux deux jambes. Cette éruption
présentait des empreintes bien difficiles à préciser, à cause
d'un traitement ordonné par un confrère qui m'a précédé.
Trouvant l'enfant en santé très-satisfaisante, je me suis
borné à supprimer le traitement que l'on continuait et qui
n'était qu'un liniment calcaire des hôpitaux. Je me pro-
posais d'observer la marche de la convalescence. Quelques
jours après, je revis ma petite malade, et cette fois-ci, j'ai
constaté une éruption vésiculeuse nouvelle sur les jambes
et sur les plantes des pieds, ressemblant plutôt à un pem-
phigus qu'à un eczéma, car les vésicules s'élevaient sur des
plaques érythémateuses. Ces vésicules étaient peu volumi-
neuses et remplies d'une sérosité trouble vers leur base
et plus claires à leur sommet. Quelque temps après, l'enfant a pu se lever et marcher. Mais malheureusement une
nouvelle poussée d'éruption vésiculeuse l'a forcée de rester
au lit. Enfin, le 12 février courant, la guérison était
regardée comme positive. L'enfant était levée et jouait dans
les appartements. La joie pourtant ne se prolongeait pas
longtemps : le même jour, au soir, la petite malade éprou-
vait un malaise général : une fièvre se déclara ; les déman-
geaisons, les douleurs, la tuméfaction envahissaient les
plantes des pieds, et une nouvelle éruption vésiculeuse
reparaissait. Je l'examinai. L'éruption était confluente,
remplie d'un liquide séro-purulent et occupant une grande
étendue. Elle augmenta pendant deux jours, et les plantes
des pieds ne présentaient que l'aspect d'une brûlure depuis
les orteils jusqu'aux talons. La petite malade était très-agi-
tée. Le 22 février, la dessiccation était complète. La petite
malade reprenait sa bonne santé habituelle, et pouvait

marcher dans la chambre. Le 27, elle était tout à fait guérie
Cependant, le 28, une nouvelle poussée reparaissait encor
au-dessous des orteils, mais presque insignifiante, et sem
blable à de petits grains de millet. L'enfant ne ressenta
plus aucun malaise.

» D'après le dire de la mère de l'enfant, la maladie ava
commencé de la même manière, pour la première fois a
mois de novembre dernier. Dans ce temps-là, la mèr
attribuait cette éruption aux bas de soie rouge que l'enfa
portait. La séance de l'Académie impériale de médecine d
2 février courant a réveillé mon esprit : votre rappo
contre l'usage de bas de soie teinte à la coralline, m'a mi
sur les traces de la cause de sa maladie, et j'ai donné raiso
à la mère de l'enfant. »

Ces bas, soumis à notre examen, étaient bien réellemer
teints avec la coraline; nous nous en sommes assurés di
rectement.

II. — EXPÉRIENCES SUR LES EFFETS DE LA CORALLINE.

Nous n'avions pas attendu ces derniers faits pour entre
prendre des recherches propres à nous éclairer sur la vér
table nature de ces accidents qui, en se multipliant, de
vaient constituer, pour la santé publique, un danger doi
personne encore ne pouvait mesurer la gravité.

Nous avons résolu de procéder comme nous l'avions fa
pour la recherche de certains poisons organiques que
chimie ne peut caractériser d'une manière suffisante, c'es
à-dire par l'expérimentation physiologique. Nous avons doi
repris les chaussettes qui avaient déterminé les acciden
observés dans le premier cas qui vient d'être cité. Apr
nous être assurés qu'elles ne cédaient aucune matière s
luble à l'eau froide, à l'eau faiblement acidulée, ni à l'ea
alcaline, nous les avons traitées par l'alcool à 85 degr

bouillant, dans lequel s'est dissoute rapidement la matière colorante rouge. Cette solution alcoolique, évaporée à siccité, nous a donné un extrait dont les propriétés vénéneuses nous ont été révélées par les expériences suivantes :

1re *Série d'expériences.*—Le 25 décembre 1868, la matière colorante desséchée, redissoute dans une petite quantité d'alcool, a été injectée, à l'aide de la seringue de Pravaz, sous la peau de la cuisse d'un chien et d'une grenouille. Ce qui restait de la solution a été introduit entre les lèvres et dans la bouche d'un lapin qui s'est vivement léché.

Les trois animaux sont morts : la grenouille, le même jour au bout de quatre heures; le chien, le lendemain, après avoir survécu trente-six heures environ; le lapin, le surlendemain seulement. Ces deux derniers avaient eu des évacuations excessives et presque incessantes.

Il ne pouvait rester de doute sur les propriétés vénéneuses de la matière rouge dont le tissu de soie était teint. Mais nos recherches fussent restées incomplètes si nous n'avions répété nos expériences avec la coralline elle-même.

Jusqu'à ce jour cette substance n'a été que fort peu exploitée en France; les chaussettes incriminées sont de fabrication et de teinture anglaises. Aussi, pour nous en procurer, nous avons dû nous adresser à celui qui l'a découverte en 1860, M. Persoz fils, qui, avec le plus obligeant empressement, en mit à notre disposition trois échantillons : l'un de coralline pure, l'autre de coralline rouge du commerce, l'autre de coralline jaune.

La *coralline* ou *péonine* dérive de l'acide rosolique, lequel lui-même est un dérivé par oxydation de l'acide phénique. La formule de l'acide phénique est $C^{12}H^6O^2$ et celle de l'acide rosolique est $C^{12}H^{16}O^4$, ou une formule multiple. Quant à celle de la coralline, elle n'est pas encore connue, on sait seulement que cette matière se forme dans un appareil

autoclave chauffé à $+$ 150 degrés, par le contact de l'aci
rosolique et de l'ammoniaque. On obtient de la sorte u
matière solide en paillettes d'un rouge pivoine à refl
verts ou jaunes sombres, complétement insoluble da
l'eau, soluble dans l'alcool et les corps gras, et qui pı
sente tous les caractères d'un acide amidé.

On teint la soie, au moyen de la coralline, en dissolva
cette matière dans l'alcool; on ajoute ensuite un peu
soude caustique et l'on verse la liqueur alcaline dans u
grande masse d'eau. Par une faible addition d'acide tart
que, on met la matière colorante en liberté, sans cependa
la précipiter, et dans un bain semblable on peut teindre
soie et la laine, même à froid. La coralline du commeı
diffère de la coralline de M. Persoz fils, comme l'oxalı
d'ammoniaque diffère de l'oxamide. Cette coralline indu
trielle est un rosolate alcalin, le plus souvent un rosolate
de soude, fort soluble dans l'eau, et servant directemen
la teinture. La coralline dite jaune n'est que de l'acı
rosolique, plus ou moins pur. L'arsenic n'entre dans la pı
paration d'aucun de ces composés.

C'est avec la coralline pure de M. Persoz, dissoute da
l'alcool, que nous avons opéré. La solution a été titré
50 centigrammes de coralline pure ont été dissous da
5 centimètres cubes d'alcool à 80 degrés, et nous avons
calculer les doses injectées à chaque animal, la sering
contenant 1/2 centimètre cube. Ces nouvelles expérienc
nous ont donné des résultats décisifs.

2ᵉ *Série d'expériences.* — A. — 10 janvier 1869. Un chi
de taille moyenne a reçu, dans une première injection, u
quantité de solution alcoolique correspondant à 15 cen
grammes de coralline solide; le lendemain et le surlend
main il a été triste, abattu, en proie à un dérangeme

intestinal très-marqué, et dépourvu d'appétit. Il a paru se remettre le troisième jour, en ce qui touche du moins la santé générale, car la cuisse est devenue douloureuse du côté où avait eu lieu l'injection. L'animal se plaignait et boitait en marchant.

Après avoir attendu un jour de plus, on a injecté sous la peau une nouvelle dose de 20 centigrammes de coralline. Les accidents reparaissent presque aussitôt ; les évacuations alvines se répètent, l'abattement va croissant; la fièvre est de plus en plus intense; la douleur de la cuisse augmente ; l'animal, tremblant sur ses pattes, ne peut plus se soutenir ; son œil est terne ; il succombe le troisième jour, après la seconde injection.

B. — Un lapin, après une seule injection contenant 10 centigrammes de coralline pure, mourait au bout de quatre jours, ayant présenté les mêmes symptômes.

C. — Moins de 5 centigrammes de la matière colorante avait suffi pour faire périr plus promptement encore une grenouille.

L'examen des organes des animaux empoisonnés par la coralline était pour nous d'un grand intérêt. Nous résumons les données fournies par l'autopsie des chiens et des lapins.

En premier lieu, au point où la coralline avait pénétré sous la peau, une violente inflammation du tissu cellulaire avec infiltration purulente s'était déclarée, et expliquait la douleur et la claudication observées chez les animaux. L'estomac était sain, ce qui doit vraisemblablement tenir à la voie d'introduction choisie pour le poison, mais les intestins, distendus par une énorme quantité de matière diarrhéique, présentaient les traces manifestes d'une inflammation aiguë de la muqueuse. Le foie nous a offert dans tous les cas une dégénérescence graisseuse rendue évidente par l'examen microscopique. Enfin, et c'est là le caractère ei quelque sorte essentiel de cet empoisonnement, les pou mons, chez le chien et surtout chez le lapin, étaien comme teïnts eux-mêmes par la matière colorante, et pré sentaient dans toute leur étendue une très-belle nuanc écarlate qui se répandait uniformément à leur surface, de manière à effacer les divisions lobulaires et les vaisseaux qui la sillonnent.

Il nous a paru curieux de pousser plus loin les investigations et de révivifier en quelque sorte la coralline, tout comme on a coutume de le faire dans la recherche médico-légale des poisons, c'est-à-dire de l'extraire, avec ses caractères dis tinctifs, des organes où elle avait pu être portée par absorp tion.

Les organes (poumons du lapin, poumons et foie du chien) sont coupés en menus morceaux et desséchés au bain-marie, puis épuisés par de l'alcool pur à 85 degrés ; les liqueurs al cooliques filtrées sont évaporées au bain-marie et le résidu est redissous dans l'eau distillée. Dans cette solution aqueuse on fait digérer un petit écheveau de soie, jusqu'à décolora tion presque complète du liquide. Cet écheveau est lavé et desséché, puis traité à son tour par de l'alcool à 85 degrés tiède, qui redissout toute la matière colorante fixée sur la fibre de soie. Cette solution alcoolique, d'une assez belle teinte rouge, est évaporée et le résidu est redissous dans quelques grammes d'eau tiède où l'on plonge durant une heure un petit écheveau de soie qui se teint en rouge par la matière colorante. La coralline, qui avait donné lieu à l'em poisonnement, a été ainsi décelée par sa propriété caracté ristique de matière tinctoriale, tout comme le sont l'atropine ou la digitaline par le pouvoir qu'elles possèdent de dilater la pupille ou d'arrêter les battements du cœur. C'est là, on en conviendra, une nouvelle application aussi heureuse qu'in attendue de la méthode physiologique et expérimentale que nous nous sommes efforcés de généraliser et de poursuivre dans la recherche des poisons organiques (1).

D.—Nous avons voulu varier les conditions de l'empoisonnement, et, du 6 au 18 février, nous avons fait manger à un lapin de la coralline pulvérisée et mélangée avec des carottes. L'animal laissé en liberté n'a pas paru en souffrir : il a eu par moments un peu de diarrhée. Au bout de ce temps nous lui avons injecté 15 centigrammes de coralline pure dissoute dans 30 gouttes d'alcool. L'examen des organes nous a montré dans l'estomac une légère inflammation de la membrane muqueuse caractérisée par une coloration d'un rouge brun disséminé par place, un boursouflement et un ramollissement partiels. L'intestin grêle offre les mêmes lésions. La stéatose ou dégénérescence graisseuse s'est emparée du foie dans une étendue beaucoup plus grande que dans les cas où l'injection sous-cutanée a fait périr les animaux en peu de jours. Les poumons présentent la coloration rouge carminée. L'absorption de la coralline est de plus démontrée par la teinte rouge des lamelles osseuses les plus superficielles de l'extrémité des os des membres.

III. — Considérations générales sur les effets et les caractères de la coralline.

Ces expériences et les résultats si précis qu'elles ont fournis sont de nature à donner l'explication la plus complète et la plus claire des faits à l'occasion desquels nous avons cru devoir les entreprendre. Elles ajoutent en outre quelque chose à nos connaissances en ce qui touche l'origine et la nature de certains empoisonnements.

La coralline, en effet, est à n'en pas douter un poison

(1) A. Tardieu, *Étude médico-légale et clinique sur l'empoisonnement.* Paris, 1866.

d'une grande énergie. Introduite même à petite dose dans l'économie vivante, elle peut causer la mort. L'ingestion par les voies digestives paraît moins active que l'ingestion dans le tissu cellulaire.

Elle agit à la façon des poisons irritants, notamment de substances dites drastiques, de l'huile de *croton tiglium* par exemple, dont elle reproduit à la fois l'action locale sous la forme d'une éruption vésiculeuse très-aiguë, et les effets généraux tels que l'inflammation du tube digestif. Absorbée et portée dans la profondeur des organes, elle y provoque d'une part la stéatose, cette dégénérescence graisseuse que produisent diverses espèces de poison, le phosphore, l'ammoniaque, l'arsenic; et d'une autre part elle s'y concentre et peut en être extraite en conservant sa couleur spéciale et ses propriétés tinctoriales.

Les accidents qu'a déterminés la coralline chez l'homme se sont bornés jusqu'ici à une affection locale fort douloureuse et rebelle et à quelques troubles de la santé générale, heureusement sans gravité.

Mais il n'est nullement certain, à en juger par les effets rapidement mortels qu'elle a produits sur les animaux qu'elle ne puisse, dans certaines circonstances, exposer l'homme lui-même à de plus sérieux dangers.

Il est permis de se demander, en effet, si les symptômes observés à la suite de l'emploi des chaussettes de soie teinte à la coralline, la fièvre, la céphalalgie, les étourdissements les nausées, ont été simplement provoqués par la violence de l'inflammation locale, ou si plutôt ils n'étaient pas déjà la conséquence et l'indice de l'empoisonnement produit par la coralline absorbée.

Les tissus imprégnés de cette substance réalisent d'une façon véritablement singulière les conditions les plus favorables à l'absorption par la peau, telles que les a fixées l'un de nous dans un travail expérimental, communiqué il y plus de deux ans à l'Académie impériale de médecine (1), et telles qu'on les rencontre dans quelques autres empoisonnements analogues qui se produisent par la même voie d'absorption, et que déterminent certaines substances colorantes, arsenicales, mercurielles ou plombiques.

On retrouve ici un poison non dissous dans l'eau, l'absence de tout autre dissolvant que la matière sécrétée par la peau et l'abondance de cette sécrétion à l'endroit même où se trouve plus hermétiquement appliqué le tissu empoisonné, c'est-à-dire à la partie du pied qui se trouve comprimée par la chaussure; enfin, l'état solide de la substance vénéneuse qui doit être absorbée. Et ne semble-t-il pas que l'auteur du travail que nous venons de citer eût prévu les faits d'empoisonnement par les chaussettes de soie rouge, quand il pensait avoir éclairé par ses expériences le mystère de ces empoisonnements fameux opérés à l'aide de gants, de bas ou de chemises préparés.

Si donc la coralline employée à la teinture de certains vêtements n'agit pas seulement d'une manière locale, elle offre un double danger, et peut déterminer même chez l'homme, et par la simple application à la surface de la peau, un véritable empoisonnement. Elle doit être proscrite de tout emploi industriel analogue.

Nous avons dit que les tissus teints à la coralline étaient de fabrique anglaise. En réalité, dans tous les cas que nous avons cités sans exception, les bas et chaussettes avaient été achetés soit dans des magasins anglais, notamment deux fois dans l'un des plus riches de Paris, soit en Angleterre ou dans l'Inde, soit chez quelques marchands élégants de Paris qui tirent leurs principaux produits d'outre-Manche; c'est ce qui avait eu lieu pour la première observation qui

(1) Roussin, *Mémoire sur les phénomènes d'absorption cutanée* (*Bull. de l'Acad. de méd.*, 1866, t. XXXII, p. 264, et *Ann. d'hyg.*, 1867, 2ᵉ série, t. XXVIII, p. 179).

nous avait mis sur la voie. Du reste, on commence à s'émo
voir de ces faits même de l'autre côté du détroit. Les jou
naux anglais annonçaient récemment la formation d'
comité qui annonce l'intention de s'occuper de la questio
et dénonçaient la résistance des fabricants qui persistent
soutenir la parfaite innocuité de leurs produits. Le *Glo*
du 18 février reproduit les faits que nous avons commu
niqués aux Académies des sciences et de médecine, et re
ferme à ce sujet une lettre assez curieuse d'un M. W. Webbe
qui, en rappelant qu'il a déjà signalé les dangers des po
sons employés dans la teinture, insiste sur ceux qu'offre
coralline; mais croit que nous nous sommes trop press
d'incriminer exclusivement la fabrique anglaise, par la ra
son que l'Allemagne et la France s'approvisionnent en A
gleterre de quantités considérables de coaltar.

La science possédait déjà, on le sait, plus d'un exemp
d'accidents produits par les matières colorantes. Le vert
Schweinfurt appliqué à la coloration de certains vêtemen
ou de papiers de tentures, le blanc de plomb étendu su
des dentelles, d'autres substances encore, avaient fait dé
de trop nombreuses victimes. Mais jusqu'ici ces matièr
colorantes vénéneuses étaient toutes d'origine minéral
aucune matière colorante organique n'avait été signalé
comme poison avant la coralline.

Toutefois, parmi les accidents attribués à l'action de ma
tières colorantes rouges, il en est qui, malgré d'apparente
analogies, ont une tout autre origine et doivent en êtr
soigneusement distingués. Telle est une observation for
curieuse qu'avait fait l'honneur d'adresser à l'un de nou
M. le docteur Viaud Grand-Marais, professeur à l'école d
médecine de Nantes.

Il suffit de lire la relation de ce fait (1) pour rester con

(1) A. Viaud Grand-Marais, *Fait pour servir à l'histoire de l'empo*
sonnement par les tissus anglais de couleur carminée (*Gazette des hôp*
taux, 20 février 1869).

vaincu qu'il s'agit là d'un exemple incontestable d'absorption par la peau de la matière colorante qui teignait un gilet de flanelle, mais en même temps que cette matière était non pas la coralline, mais le rouge d'aniline, dont nous avons pu d'ailleurs reconnaître la présence sur un échantillon qu'avait bien voulu nous transmettre M. Viaud Grand-Marais.

Le meilleur moyen d'éviter à l'avenir toute confusion, c'est, d'une part, de rappeler quels sont les différents rouges employés dans la teinture et, d'une autre part, d'indiquer un procédé facile et sûr de reconnaître la coralline sur les tissus à la coloration desquels elle a été employée.

Sans parler des rouges minéraux, vermillon et autres, qui ne sont pas en cause, nous nous contenterons des indications relatives aux principales couleurs rouges organiques qui peuvent être fixées sur les fibres textiles et qui sont au nombre de six : 1° la garance; 2° la cochenille; 3° la murexide; 4° le carthame; 5° la fuchsine dite aussi rouge d'aniline; 6° la coralline.

Les trois premières ne peuvent se fixer sur les étoffes qu'au moyen d'oxydes métalliques dits mordants. C'est ainsi que le rouge garance est à base d'alumine, ou d'alumine et d'étain ; le rouge cochenille, à base d'étain ; et le rouge de murexide, à base d'oxyde de mercure ou de plomb, souvent dangereux pour les ouvriers qui le manient, ainsi que l'a montré une bonne étude du docteur Thibaut (1).

Les trois dernières de ces matières colorantes rouges se fixent sur les tissus sans aucun mordant.

Mais il importe de faire remarquer que le rouge d'aniline était préparé exclusivement jusqu'à ces derniers temps à l'aide de l'acide arsénique, et que malgré les transforma-

_____

(1) *Rapport à la Commission d'hygiène du Ve arrondissement.* — Voyez Maxime Vernois, *Traité pratique d'hygiène industrielle et administrative.* Paris, 1860, t. II, p. 338.

tions et purifications que subissait l'arséniate de rosaniline formé, les rouges d'aniline du commerce renfermaient presque toujours une certaine quantité d'arsenic. Grâce aux efforts d'un habile industriel, M. Coupier, de Poissy, très-digne de la récompense qu'il a obtenue, ce danger peut être aujourd'hui facilement évité, et l'acide arsénique doit être à jamais banni de cette fabrication (1). Mais c'est à ce poison qu'il faut attribuer les accidents observés sur les ouvriers employés à la fabrication de la fuchsine, et dont M. Henri Charvet a donné une excellente description (2). C'est à lui que devraient être très-vraisemblablement rapportés les troubles, soit locaux, soit généraux, résultant du contact sur la peau de tissus teints en rouge d'aniline, dont l'observation de M. Viaud Grand-Marais serait un curieux exemple. Mais rien de pareil pour la coralline, dont l'action est tout à fait propre et ne pourrait sans inconvénient être confondue avec celle d'aucune autre substance vénéneuse.

Cette confusion sera d'ailleurs facilement évitée, si l'on veut bien tenir compte des caractères distinctifs très-simples que nous allons indiquer, et de la manière différente dont se comportent les tissus teints avec les différents rouges quand on les traite ainsi qu'il suit :

1° Le *rouge de garance* ne se laisse pas altérer par des solutions contenant 3 à 4 pour 100 d'acide chlorhydrique, ou d'ammoniaque. Les liquides ne se colorent pas sensiblement. C'est le plus résistant des rouges organiques;

2° Le *rouge de cochenille* plongé dans une liqueur ammo-

---

(1) Voyez P. Schutzenberger, *Rapport présenté au nom du Comité de chimie sur les procédés de fabrication du rouge d'aniline* de M. Coupier, à Poissy; et E. Zuber, *Rapport annuel* (*Bulletin de la Société industrielle de Mulhouse*, décembre 1868, p. 925, et janvier 1869, p. 5. — Reproduit dans les *Annales d'hygiène*, 1869, t. XXI, *infra*).

(2) H. Charvet, *Étude sur une épidémie qui a sévi parmi les ouvriers employés à la fabrication de la fuchsine* (*Ann. d'hyg. et de méd. lég.*, 2ᵉ série, t. XX, p. 281).

niacale vire au violet et communique au liquide une teinte violette très-vive ;

3° Le *rouge à la murexide* blanchit rapidement au seul contact d'une solution d'acide citrique ;

4° Le *rouge de carthame* est complétement décoloré par une courte ébullition dans une solution de savon à 1/2 pour 100 ;

5° Le *rouge d'aniline* se décolore rapidement par le contact de l'ammoniaque ; mais la couleur reparaît soit par l'addition d'un acide, soit par la seule évaporation de l'alcali. L'appareil de Marsh peut y déceler des traces d'arsenic. Mais dans la plupart des cas, lorsque le rouge d'aniline est arsenical, la proportion d'acide arsénique est telle, qu'elle peut être mise hors de doute par un procédé plus simple. Il suffit de dissoudre dans l'eau distillée 1 gramme de cristaux de fuchsine, et d'y ajouter un excès de solution d'azotate d'argent. Le précipité qui se forme est lavé complétement, traité par un léger excès d'acide azotique et jeté sur un filtre. Dans le liquide filtré on ajoute avec précaution, jusqu'à saturation exacte, de l'ammoniaque diluée qui détermine l'apparition d'un précipité rouge-brique d'arséniate d'argent ;

6° Le *rouge à la coralline* ne se dissout pas dans l'eau froide. Il cède un peu de sa couleur à l'eau bouillante, mais se décolore beaucoup plus rapidement et plus complétement dans l'alcool bouillant. Les liquides alcalins ne font pas virer la couleur ; les acides précipitent la matière colorante en flocons jaunâtres. M. Bidard, de Rouen, a eu la bonté de nous informer que l'on employait aujourd'hui, pour la teinture des indiennes, de la coralline que l'on a réussi à rendre soluble dans l'eau ; mais ces tissus, ne se portant pas sur la peau, offrent un moindre danger.

Pour reconnaître un tissu teint en rouge par la coralline, il suffira donc d'en détacher quelques fibres ou d'en couper

2

un petit fragment que l'on soumettra, pendant quelques instants, à l'action d'une petite quantité d'alcool à 85° bouillant. La liqueur alcoolique se colore en rouge vif, et le tissu presque complétement décoloré prend une teinte jaune abricot. L'addition d'ammoniaque ou de potasse caustique au liquide rouge alcoolique ne fait qu'aviver la couleur; caractère essentiel qui différencie nettement la coralline du rouge d'aniline, car, dans ces conditions, les liquides ou les tissus teints par cette dernière substance se décolorent rapidement et d'une manière complète.

Nous terminons ici cet exposé de nos recherches avec l'espoir qu'elles permettront à la fois de surveiller l'emploi de la coralline, d'en reconnaître les effets et même d'en déceler la présence.

La coralline appartient à une classe de corps dont le progrès incessant des arts chimiques accroît chaque jour le nombre. C'est là une preuve nouvelle de l'intérêt considérable qu'il y a pour la science de l'hygiène et pour la médecine légale elle-même à suivre la marche et les progrès de l'industrie, et à étudier l'influence que ses plus récentes conquêtes peuvent exercer sur la santé des hommes.

PROCÉDÉ SALUBRE

DE PRÉPARATION DU ROUGE D'ANILINE,

Par M. COUPIER.

Les dangers inhérents à la préparation des couleurs d'aniline, par la réaction de l'*acide arsénique* sur cette substance, ont été signalés dans plusieurs mémoires à l'attention de nos lecteurs; nous rappellerons entre autres le travail de M. Charvet (1), relatif à une épidémie observée parmi les ouvriers de la fabrique de *fuchsine* de Pierre-Bénite (Rhône), et celui de M. Chevallier consacré non-seulement à l'étude des accidents plus ou moins graves auxquels sont exposés les ouvriers employés dans les fabriques de cette matière tinctoriale, mais encore à l'indication des dangers que ces fabriques font naître pour les habitants des localités voisines, dangers résultant de l'introduction dans le sol des eaux industrielles chargées de produits arsenicaux, qui vont empoisonner, à des distances souvent considérables, les sources servant aux usages domestiques (2); enfin, M. Beaugrand nous a donné l'analyse du travail de M. Sonnenkalb, sur les couleurs d'aniline, étudiées sous les rapports de l'hygiène et de la médecine légale (3).

---

(1) Charvet, *Étude sur une épidémie*, etc. (*Annales d'hygiène*, etc., t. XX, 1863, p. 281.)

(2) Chevallier, *De la fuchsine, de sa préparation et des accidents qui peuvent en résulter*, etc. (*Ann. d'hyg.*, etc., t. XXV, 1866, p. 12.)

(3) Sonnenkalb, *Recherches sur les couleurs d'aniline*, etc. (*Ann. d'hyg.*, etc., t. XXVII, 1867, p. 203.)

La *Société industrielle de Mulhouse*, appréciant combien i
était important pour l'hygiène et pour l'industrie que l'on
parvînt à découvrir un procédé de fabrication du *rouge
d'aniline* au moyen d'un agent autre que *l'acide arsénique*
a proposé, pour l'année 1868, un prix à l'auteur qui réussi-
rait à remplir les conditions suivantes :

« *Le nouveau procédé devra être au moins aussi économique
que celui à l'acide arsénique, reconnu aujourd'hui pour le
plus avantageux. Il devra fournir des produits aussi beaux et
être exempt de dangers qui, au point de vue hygiénique,
accompagnent la production du rouge d'aniline à l'aide de
l'acide arsénique.* »

Un fabricant distingué de Poissy, M. Coupier, connu par
de nombreuses et intéressantes recherches sur la séparation
fractionnée des carbures du goudron, la préparation industrielle de l'aniline et de la toluidine, et le rouge de toluidine, s'est présenté au concours et a obtenu la *médaille
d'honneur*, qui faisait l'objet du prix proposé.

. Le rapport rédigé, au nom du Comité de chimie, par
M. P. Schützenberger qui avait reçu la mission d'aller étudier
sur place les nouveaux procédés, a été publié dans le
Bulletin de la Société industrielle de Mulhouse (numéro de
décembre 1868, p. 925). Nous en reproduisons les passages
principaux :

M. Coupier produit du rouge par la réaction à une température
convenable d'un mélange d'aniline (pure), de nitrotoluène, d'acide
chlorhydrique et de fer métallique, ce dernier employé en petites
quantités.

On peut opérer également, avec l'aniline ordinaire du commerce
(mélange d'aniline et de toluidine) et le nitrobenzol commercial
(mélange de nitrobenzine et de nitrotoluène) concurremment avec
l'acide chlorhydrique et le fer. Dans les deux cas, le rouge formé est
identique avec le rouge ordinaire, il est à base de rosaniline.

Emploie-t-on au contraire des mélanges de nitrotoluène et de
toluidine, de nitroxylène et de xylidine, on formera ce que M. Cou-

pier nomme rouges de toluidine ou de xylidine, c'est-à-dire des rouges à base de rosatoluidine, de rosaxylidine (1).

Sans nous occuper de la question de la non-identité ou de l'identité de ces rouges, nous avons à répondre aux questions suivantes :

1° Le rouge peut-il être obtenu en chauffant de semblables mélanges d'alcali et de carbure nitré avec de l'acide chlorhydrique et du fer ?

2° La quantité de rouge formé est-elle au moins égale à celle que fourniraient avec l'acide arsénique l'aniline et la nitrobenzine ou le nitrotoluène employés ; ces deux derniers corps étant supposés préalablement transformés en alcalis.

3° Le rouge obtenu est-il aussi beau que la fuchsine normale ?

Si ces trois conditions sont remplies, le nouveau procédé serait évidemment plus avantageux que la méthode actuellement suivie.

En effet, on éviterait dans la préparation du rouge l'emploi de tout agent nouveau, et l'on ne ferait intervenir que ceux qui servent à convertir la nitrobenzine en aniline.

En d'autres termes, on ne transforme préalablement en alcali que la moitié ou même le tiers du carbure nitré, le reste est désoxydé pendant l'opération même qui donne naissance au rouge, et par une réaction analogue.

Nous rappellerons en passant que l'action des corps nitrés sur leurs alcalis respectifs avait déjà été signalée dès 1861, comme donnant naissance à des matières colorantes ; mais d'un côté il n'avait pas été question de l'intervention de l'acide chlorhydrique et du fer, et d'un autre, votre programme des prix n'exige pas que le procédé soit entièrement nouveau ; pourvu que les conditions de réussite en soient tellement étudiées, qu'il puisse *industriellement* fonctionner et rivaliser d'avantages avec l'emploi de l'acide arsénique, moins ses dangers d'intoxication, le but n'en serait pas moins atteint.

M. Coupier a fait devant moi, et j'ai répété moi-même sur une plus petite échelle, des expériences qui m'ont convaincu de la régularité de ses opérations. J'ai vu le rouge se former aussi bien en petit, dans les proportions de 200 grammes que sur 100 kilogrammes à la fois.

(1) Dans son brevet pris le 5 avril 1866 (n° 71106), suivi d'une addition du 30 juillet, M. Coupier remplace le fer par du perchlorure de fer. Ses dosages sont :
Nitrotoluène 95, acide chlorhydrique 65 ;
Toluidine 67, perchlorure de fer 7 à 8.
Il est évident que l'action de l'acide chlorhydrique sur le fer métallique, en présence d'un composé nitré, produit au début du perchlorure de fer, et que par conséquent le procédé actuellement suivi et celui indiqué dans le brevet se confondent quant au résultat.

Dans un alambic en fonte émaillée, on chauffe progressivement jusqu'à 260 degrés environ le mélange indiqué plus haut. La marche de l'opération est réglée par les indications d'un thermomètre plongeant dans l'alambic, par la nature des échappés et par l'aspect de la masse dont on prélève de temps en temps un échantillon. Quand la réaction est terminée, le produit est pâteux, demi-fluide à chaud et se solidifie très-rapidement en une masse cassante, friable, brillante et offrant la teinte vert-scarabée de la fuchsine brute. A ce moment on vide la cornue, et le produit solidifié est concassé et épuisé par l'eau bouillante. Le liquide clarifié est précipité par la soude, et le précipité est purifié par les méthodes ordinaires.

Des essais de teinture m'ont permis de m'assurer que, conformément aux assertions de M. Coupier, la quantité de rouge formée est au moins égale, si ce n'est supérieure, à celle que l'on obtient avec l'acide arsénique, en tenant compte, bien entendu, de l'alcali correspondant au carbure nitré qui entre dans le mélange.

Quant à la teinte, elle varie avec la nature des produits ayant servi à la réaction. Avec le mélange d'aniline et de nitrotoluène, elle se rapproche de celle de la fuchsine ; avec la toluidine et le nitrotoluène, elle est plus violacée.

Il n'est pas douteux qu'en partant de la masse brute obtenue et par l'emploi des méthodes de purification connues, on n'arrive à préparer industriellement de la fuchsine cristallisée aussi belle et aussi riche que les meilleures sortes commerciales.

En perfectionnant et en rendant pratique une réaction partiellement connue, M. Coupier a donc répondu à la plupart des exigences de votre programme.

Ses travaux ne sont plus restreints aux essais de laboratoire, ils ont pris dans son usine les proportions d'une industrie régulière, et il est vivement à désirer, dans l'intérêt de la question hygiénique qui vous préoccupe, que les méthodes de M. Coupier fixent de plus en plus l'attention des fabricants et reçoivent la sanction de la grande industrie.

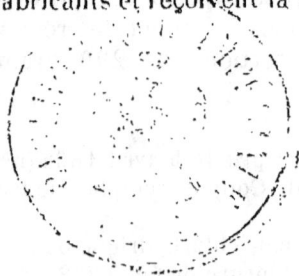

Paris. — Imprimerie de E. Martinet, rue Mignon, 2

www.ingramcontent.com/pod-product-compliance
Lightning Source LLC
Chambersburg PA
CBHW070753220326
41520CB00053B/4357